东乌珠穆沁旗气象灾害防御规划

《东乌珠穆沁旗气象灾害防御规划》编委会

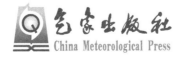

内 容 简 介

本书根据东乌珠穆沁旗地区的实际情况,综合相关部门的有关资料和研究成果,在开展气象灾害现状调查,深入研究气象灾害成因、特点及分布规律的基础上,完成了分灾种的气象灾害风险规划,明确了不同气象灾害设防指标,提出了气象灾害防御管理和基础设施建设的具体要求,是一个基础性、科学性、前瞻性、实用性、可操作性较强的指导性文件,对东乌珠穆沁旗人民政府指导防灾减灾和应对气候变化具有十分重要的意义。

图书在版编目(CIP)数据

东乌珠穆沁旗气象灾害防御规划 /《东乌珠穆沁旗气象灾害防御规划》编委会著. — 北京:气象出版社,2019.5

ISBN 978-7-5029-6963-9

Ⅰ.①东… Ⅱ.①东… Ⅲ.①气象灾害-灾害防治-东乌珠穆沁旗 Ⅳ.①P429

中国版本图书馆 CIP 数据核字(2019)第 083091 号

出版发行:气象出版社
地　　址:北京市海淀区中关村南大街 46 号　　　邮政编码:100081
电　　话:010-68407112(总编室)　010-68408042(发行部)
网　　址:http://www.qxcbs.com　　**E-mail**:qxcbs@cma.gov.cn
责任编辑:周　露　粟文瀚　　　　　　　　　终　　审:张　斌
责任校对:王丽梅　　　　　　　　　　　　　责任技编:赵相宁
封面设计:博雅思企划
印　　刷:北京建宏印刷有限公司
开　　本:710 mm×1000 mm　1/16　　　　　印　　张:3.25
字　　数:47 千字
版　　次:2019 年 5 月第 1 版　　　　　　　印　　次:2019 年 5 月第 1 次印刷
定　　价:35.00 元

本书如存在文字不清、漏印以及缺页、倒页、脱页等,请与本社发行部联系调换。

《东乌珠穆沁旗气象灾害防御规划》
编委会

主　　　任：阿拉坦苏和（东乌珠穆沁旗旗委常委、常务副旗长）

副　主　任：刘增山（东乌珠穆沁旗气象局局长）

　　　　　　布和吉乐图（东乌珠穆沁旗政府办公室主任）

　　　　　　陈海宝（东乌珠穆沁旗应急管理办公室主任）

　　　　　　宝力格（东乌珠穆沁旗民政局局长）

　　　　　　哈斯额尔敦（东乌珠穆沁旗林业水利局局长）

　　　　　　代钦（东乌珠穆沁旗农牧业局局长）

　　　　　　哈斯额尔顿（东乌珠穆沁旗生态保护局局长）

　　　　　　胡日查（东乌珠穆沁旗国土资源局局长）

编　　　委：刘继亭　　方宝姗

编写人员：刘继亭　　方宝姗　　哈斯塔木嘎

前　　言

　　东乌珠穆沁旗因为地域广阔,气象灾害种类多,发生频率高,暴雨、干旱、雷电、寒潮、白灾、暴雪、沙尘暴等气象灾害时有发生,由此引发的次生(如山洪、地质、草原火灾、道路结冰等)、衍生(如草场、农田病虫害,人、畜传染疫病等)灾害也较为严重。东乌珠穆沁旗又以天然放牧为主要经济支柱,气象灾害的增多,对全旗人民的生命财产、经济建设、农牧业生产、水利资源、生态环境和公共卫生安全等构成严重威胁,气象灾害发生所造成的经济损失不断加大。

　　防御和减轻气象灾害是国家公共安全的重要组成部分,是政府履行社会管理和公共服务职能的重要体现,关系着社会经济发展和人民生命财产安全。

　　据历史资料统计,气象灾害占东乌珠穆沁旗自然灾害的71%以上,社会发展受到极大影响。为切实保障国家财产、人民群众生命安全和经济发展,编制气象灾害防御规划,指导各级气象防灾体系建设,强化气象防灾减灾能力和应对气候变化能力,具有十分重要的意义。根据东乌珠穆沁旗地区实际,综合气象、农牧、水利、林业、交通、民政、科技等部门的有关资料和研究成果,编制了《东乌珠穆沁旗气象灾害防御规划》,我们相信经过不断地补充、完善和实施,它将会起到应有的社会作用,并为东乌珠穆沁旗带来较大的经济效益。

编者

2018 年 6 月

目　　录

导　论

【指导思想】

以习近平总书记提出的加强生态文明建设,筑牢我国北方生态安全屏障为指导,促进人与自然和谐发展,确保人民生命财产安全,最大限度地减少经济损失;以保障社会稳定为主要目的,防御突发性气象灾害为重点,着力加强灾害监测预警、防灾减灾、应急处置工作,建立健全"各级政府领导、社会广泛参与、气象部门组织实施、相关部门协作配合"的气象防灾减灾体系;以促进东乌珠穆沁旗经济和社会全面、协调、可持续发展为宗旨,充分发挥政府各部门、基层组织、企事业单位在防灾减灾中的作用。

【防御原则】

坚持以人为本,趋利避害。在气象灾害防御中,必须坚持把保障人民生命财产安全放在首位,因势利导,趋利避害,实现人与自然和谐相处。

坚持预防为主,防抗结合。将非工程措施与工程措施相结合,集中有限资金,加强重点防灾减灾工程建设,着重防御影响较大的气象灾害,并探索减轻气象次生灾害的有效途径,从而实行综合治理,发挥各种防灾减灾工程的整体效益,实现综合防御。

坚持统筹规划,突出重点。气象灾害防御实行"统一规划,突出重点,分步实施,兼顾一般"。按照气象灾害防御战略布局的要求,采取因地制宜的防御措施,分清轻重缓急,逐步完善气象灾害防御体系。

坚持依法防灾,科学应对。气象灾害防御要遵循国家和内蒙古自治区有关法律、法规,要与经济社会发展规划相协调。提高科学减灾水平,利用先进的科学技术对气象灾害进行监测预测,合理规划经济社会发展和防灾减灾工程建设;科学论证气象灾害防御工程标准,合理制定气象灾害防御方案,并加以组织实施。

【目的意义】

气象灾害防御规划,是工程性和非工程性设施建设及城乡规划、重点项目建设的重要依据,也是全社会防灾减灾的科学指南。为进一步强化防灾减灾和应对气候变化能力,推进东乌珠穆沁旗气象灾害防御体系建设,加强对气象灾害的科学预测和预防,最大限度地减少和避免人民生命财产损失,根据《国家气象灾害防御规划(2009—2020 年)》指导意见以及《锡林郭勒盟行政公署关于加强全盟气象灾害防御工作的通知》,编制《东乌珠穆沁旗气象灾害防御规划》具有深远的意义。

【工作目标】

制定气象灾害防御方案,提升气象灾害监测、预警、评估以及信息发布能力,提高气象灾害防御意识和知识水平,完善"政府主导、部门联动、社会参与"的气象灾害防御工作机制,建立"功能齐全、科学高效、覆盖城乡"的气象防灾减灾体系,建设对国计民生具有基础性、全局性和关键性作用的气象灾害防御工程,减轻各种气象灾害对经济社会发展的影响,全面提高牧区气象灾害防御的整体水平。

【编制依据】

根据《中华人民共和国气象法》《中华人民共和国突发事件应对法》《中华人民共和国防洪法》《地质灾害防治条例》《人工影响天气管理条例》《国务院关于加快气象事业发展的若干意见》《国务院办公厅关于进一步加强气象灾害防御工作的意见》和《内蒙古自治区气象条例》等法律法规和规范性文件,编制《东乌珠穆沁旗气象灾害防御规划》(以下简称《规划》)。

【范围期限】

《规划》是东乌珠穆沁旗气象灾害防御工作的指导性文件,适用于东乌珠穆沁旗所辖区域。规划期为 2016—2020 年,基准年为 2016 年。

第 1 章 目标与任务

1.1 主要目标

加强气象灾害防御监测预警体系建设,建成结构完善、功能先进、软硬结合、以防为主和政府主导、部门协作、配合有力、保障到位的气象防灾减灾体系,提高全社会防御气象灾害的能力。

2016—2020 年建成气象灾害重点防御区非工程性措施与工程性措施相结合的综合气象防灾减灾体系,完善气象灾害防御组织领导体系和应急救援组织体系,进一步提高气象灾害的防御能力;加强气象灾害综合监测和预警网络建设,建设功能齐全的国家气象监测站网,使气象灾害监测率达到 85% 以上,建立多功能、全方位预警信息发布系统,使预警信息覆盖率达到 90% 以上;完成区域气象观测站网、固态降水监测网和天气雷达系统建设,建立气象灾害监测平台和预警信息发布平台;建成预报精细、传递高速的气象多灾种预报预警系统,气象灾害监测预警能力进一步提升,预警信息发布时效进一步提高,基本消除预警信息发布盲区,实现气象灾害预警信息的"均等化"服务;开展防雷风险评估,提出气象防灾减灾对策,完成至少 5 个气象灾害防御示范嘎查(社区)标准化建设、10 个牧区防雷示范工程推广项目;建立山洪、地质灾害群测群防网络,完善交通防灾减灾等措施,同时将气象灾害防御与乡镇气象工作网络体系建设纳入旗政府目标责任制考核。

到 2020 年,实现每个嘎查(社区)都设有气象信息员,确保灾害防御责任到人、预警信息发布到户,全面提高牧区气象灾害防御的整体水平,使气象灾害造成的经济损失占地区生产总值的比例减少30％,最大限度地减少人员伤亡;工业、农牧业、经济开发及人类活动控制在气象资源的承载力之内,城乡人居气象环境总体优良;气象灾害应急准备工作认证达标单位占应申报单位的80％以上。

1.2　重点任务

(1)推进气象灾害防御应急体系建设

以建立全社会气象灾害防御体系为目标,逐步形成防御气象灾害分级响应、属地管理的纵向指挥体系和信息共享、分工协作的横向部门协作体系。建立与完善《重大气象灾害应急预案》《防洪防旱应急预案》《风、雪灾害应急预案》《小流域应急防洪预案》《地质灾害应急预案》《冰雪灾害应急预案》和《雷电灾害应急预案》等专项预案。进一步细化各部门和苏木(镇)各灾种专项气象灾害应急预案,组织开展必要的预案演练。

(2)完善气象灾害监测预警平台建设

按照气象防灾减灾的要求,建立"统一业务、统一服务、统一管理"的气象灾害监测预警平台,形成综合观测、数据传输和处理、信息共享、预报预警、信息发布为一体的气象业务系统,不断提高气象灾害精细化预报预警能力。气象灾害监测预警信息服务,社会、群众接受面达90％以上。

(3)提高暴雨洪涝防御能力建设

针对可能发生的暴雨洪涝灾害制定防御预案,为各级防汛机构实施指挥决策和防洪调度、抢险救灾提供依据。建立各部门协同作战机制,做到防御标准内暴雨洪涝不出险、不失事,确保重要水利、通讯、输电等工程设施的安全,避免人员伤亡,减少经济损失。

(4)完善城镇和区域防洪排涝设施

与现有城镇规划相配套,进一步加强防洪工程建设,不断完善城镇防洪标准,达到有关防洪排涝要求,健全区域防洪排涝措施。

（5）加强山洪和地质灾害防治工作

加强对严重危及人民生命财产安全区域、地段的重点治理；开展旅游区山洪和地质灾害调查及跟踪管理，对旅游区内的重大工程建设项目进行山洪和地质灾害危险性评估；以强化监管和动态监测为重点，预防和有效遏制因气象灾害引发的突发性山洪和地质灾害以及人为引发地质灾害隐患的形成。

（6）加强雪灾的抵御能力

建立牧区雪灾防御机制，完善防灾减灾组织机构和应急响应机制；建成雪情监测网和雪灾预警系统；加强越冬牲畜棚圈建设和饲草储备组织工作，防止连阴雨雪、低温天气和积雪的危害；加强道路交通冰雪预警和清理工作。

（7）加强干旱、风沙灾害防御和治理

加强干旱防御能力建设，建立土壤水分监测网，完善草原干旱监测、调查机制，建立草原干旱监测预警系统；加强人工影响天气工作，积极开展人工增雨作业，有效增加天然降水量；全力实施抗旱水利工程，合理布局打井防旱工程，保护、利用地表水资源。加强沙尘暴监测和预警能力建设，建立沙尘暴监测预警发布机制，提高灾害预警服务能力；强化草原生态环境保护与治理，合理实施草畜平衡和围封转移战略，改善草原生态环境，减少沙尘暴发生和影响。

第 2 章 东乌珠穆沁旗概况

2.1 自然地理与气候

2.1.1 地理地形

东乌珠穆沁旗地处内蒙古自治区锡林郭勒盟东北部,大兴安岭西麓,处于高海拔与中、高纬度带的内陆地区,区域范围在 44°40′—46°46′N,115°10′—120°07′E,海拔高度在 800～1500 米,地域狭长,全旗总土地面积 4.73 万 km²;地势北高南低,由东向西倾斜,北部是低山丘陵,南部是盆地;北部与蒙古人民共和国接壤,国界线长达 527.6 km。

2.1.2 河流湖泊

境内河流均属内陆水系,主要河流是乌拉盖河,其次有那仁河、东乌尔苏巴拉河、巴音罕盖河、铁门高勒;有大小湖泊 107 个,其中淡水湖泊 48 个,湖水量为 1917.5 万 m³,咸水湖泊 59 个,湖水量为 2087.7 万 m³;有泉水 64 眼,估算水资源量为 360 万 m³。境内河流全长 320 km,流域面积 1.1 万 km²,河流年均径流总量 1 亿 m³。

2.1.3 气候特点

东乌珠穆沁旗属于北温带大陆性气候,寒冷、干燥、风大。气候特征为冬季漫长寒冷,积雪时间长;春季雨少风大,气候干燥,天气变化剧烈;夏季雨季短促而集中,日照充足;秋季降温快,霜冻早。年平均风速

2.9 m/s,主导风向西南风,频率 11%,年大风日数 41 天;年降水量 250.9 mm,降水主要集中在 6—8 月,占全年降水量的 72%,最大日降水量 74.6 mm,出现在 1994 年 7 月 27 日;年平均气温 2.0℃,最高气温 39.6℃,最低气温 −38.9℃,无霜期为 91~166 天;年平均日照时数 3020.1 h。

主要气象灾害有雪灾、暴风雪、干旱、暴雨山洪、雷电以及森林草原火灾等。

2.2 自然资源

2.2.1 土地资源

东乌珠穆沁旗土地总面积 47328 km²,可利用优质天然草场面积达 4.2 万 km²。森林资源主要以天然次生林为主,面积约 183.3 km²。

2.2.2 矿产资源

东乌珠穆沁旗是矿产资源的富集区,具有良好的成矿条件。现已探明三条有色金属成矿带:小坝梁—钨矿成矿带、乌兰陶勒盖—奥尤特—海拉斯成矿带、朝布楞—查干敖包—白彦霍布成矿带。主要矿产资源有煤、石油、天然气、铜、铁、钨、锌、钼、铋、金、银、水晶、岩盐、芒硝、珍珠岩、石灰岩等 40 多种。探明的有色金属资源储量达 320 万 t,煤储量达 365 亿 t,石油资源储量 2.1 亿 t。

2.2.3 动植物资源

野生植物资源:黄花、白蘑、发菜、山杏等美味野菜,黄芩、党参、芍药等名贵药材。

家畜资源:乌珠穆沁羊、乌珠穆沁白绒山羊、蒙古牛和蒙古马等。

野生动物资源：黄羊、狍子、獾子、狐狸、沙狐、猞、旱獭、乌鸡、麋鹿、野猪、驼鹿等多种稀有动物。

2.3 社会经济

2.3.1 行政区划

全旗辖 6 个镇、4 个苏木、1 个林场：乌里雅斯太镇、道特淖尔镇、额吉淖尔镇、嘎达布其镇、满都宝拉格镇、巴彦（音）胡硕镇，呼热图淖尔苏木、萨麦苏木、嘎海乐苏木、阿坦合力苏木，宝格达山林场。全旗总人口 7.07 万人，其中牧业人口 3.3 万人，人口密度为 1.5 人/km²，是一个以蒙古族为主体，汉、满、回、朝鲜、达斡尔、鄂温克、鄂伦春等多民族聚居的地区，蒙古族人口占总人口 64.5%，乌里雅斯太镇为旗政府所在地。

2.3.2 产业结构

东乌珠穆沁旗以草原畜牧业经济为主体，依托资源优势，大力发展矿产资源加工、民族旅游文化和口岸边境贸易等经济，建有国际性常年开放的陆路口岸——珠恩嘎达布其口岸。近年来，东乌珠穆沁旗已实现了由牧业大旗向工业强旗的历史性跨越。

东乌珠穆沁旗地域辽阔，天然植被保存相对完好且种类繁多，境内大小湖泊星罗棋布，构成了令人悦目畅怀的草原自然景观。历史文化悠久、民族风情浓郁、历史遗迹众多，特别是与蒙古族文化相结合的民族风情旅游独具特色，丰富的旅游资源和旅游产品，保留了未经雕饰的原始风貌，给人以强烈的新奇感，符合旅游求新、求异、求知、求乐的需求和趋势，具有强烈的吸引力，是旅游、休闲、避暑的理想宝地。

2.3.3 国民经济

"十二五"期间，地区生产总值由 2010 年的 58.7 亿元增加到 2015 年的 108 亿元,年均增长 15.3%;人均地区生产总值由 7.5 万元增加到 15.8 万元,实现翻番。一般公共预算收入由 4.1 亿元增加到 8.6 亿元,年均增长 21%;一般公共预算支出由 9.8 亿元增加到 16 亿元,年均增长 13%。累计完成固定资产投资 346.4 亿元,是"十一五"时期的 2.2 倍,年均增长 15%。坚持做强做细一产、做大做优二产、做活做特三产,三种产业结构由"十一五"末的 13.7∶72.6∶13.7 演进为 14.3∶71.6∶14.1。

目前东乌珠穆沁旗已拥有诸如全国牧业旗县之首、牧民小康生活之冠、全国百颗乡镇之星等诸多荣誉称号,特别是 2004 年,在连续遭受地震、旱灾、鼠虫害等各种自然灾害的情况下,全旗地区生产总值、旗财政收入、城镇居民和牧民收入等依然突破了历史最高纪录,一跃成为第四届全国县域经济基本竞争力提升速度最快的百县(市)之一。

第3章 气象灾害防御现状

3.1 防御工程现状

东乌珠穆沁旗高度重视气象灾害防御工作。目前,全旗防灾工程设施主要有城镇排涝、水利、防风治沙、暖圈防寒御雪、打井防旱、节水灌溉、饲草料保障等。2012 年,东乌珠穆沁旗开始建设乌里雅斯太镇防洪工程,新建泄洪渠 6.4 km,项目在希那嘎河乌拉盖水系,流域面积 120.5 km²,项目实施后土地受益面积达 86 km²,保护人口 8 万人。

3.2 非工程防御能力现状

东乌珠穆沁旗非工程减灾领导组织机构较为完善,全旗防汛抗旱指挥部已成常设机构,另外还设立了东乌珠穆沁旗草原森林防火指挥部、东乌珠穆沁旗突发环境和生态安全事件应急指挥部、东乌珠穆沁旗气象灾害防御应急指挥部、东乌珠穆沁旗抗灾救灾指挥部、东乌珠穆沁旗临时应急救援队等机构,制定了《东乌珠穆沁旗重大气象灾害防御预案》和分灾种专项工作预案,并且每年对防灾减灾工作预案及相关职责、制度都进行相应的调整和完善,形成了政府主导,部门联动,社会参与的防灾减灾机制,气象灾害防御工作富有成效。

近年来,东乌珠穆沁旗气象现代化建设水平明显提高。已建立 66 个自动气象站,启动了"牧区气象灾害防御"和"为牧气象服务"两个体系专项建设工程,建立了气象信息员队伍,已有气象信息员 96 人。气象灾害预警信息覆盖面与服务面不断拓宽,基本建成了苏木(镇)气象信息终端、农村牧区气象短信、特色草原气象"110"预报预警平台、气象预警收音机等气象信息发布系统,并且建立了 9 个气象预警电子显示屏,基本实现了气象预报预警信息的快速发布和传递。制定了《气象灾害应急准备工作认证管理办法》,依托气象灾害预警中心业务平台和气象信息分发服务系统,初步建立了政府突发公共事件预警信息发布平台,可转发和传递上级发布的突发公共事件预警信息,基本实现了统一业务、统一服务、统一管理。建立了汛期防灾预案、灾情速报、汛期值班等制度,加强了灾害防治工作的资质管理,提高了防治质量和水平,已初步建成旗、苏木(镇)、嘎查(社区)三级群测群防防灾网络。

气象灾害防御的社会经济效益日益显著,气象灾害应急避险科普宣传不断深入,通过气象科普巡回展、大众传媒宣传,普及气象防灾减灾知识,增强了公众防灾意识和避险自救能力。

3.3　存在问题

面对经济社会发展的迫切需求,当前气象灾害防御能力仍存在以下薄弱环节。

气象灾害防御布局重点不够明确,一些国民经济关键行业和牧业合作社的气象灾害易损性越来越大,气象灾害造成的损失越来越重,成为气象灾害防御的薄弱环节。

气象灾害综合监测预警能力有待进一步提高,对突发气象灾害的监测能力弱、预报时效短、预报准确率不高,不能满足日益提高的社会经济发展需求。

现有的气象灾害监测预警平台还不够完善,山洪、地质灾害,以及主要交通干线热力状况、大风、雾等的监测能力仍然不足;各部门信息尚未做到实时共享,突发气象灾害和次生灾害预警能力较低;预警信息发布尚未做到全天候、无缝隙和全覆盖。

气候变化使得近年来极端天气频发,自然灾害加重,对恢复草原植被、沙地治理、禁牧舍饲、天然林保护等项目提供的针对性气象监测预测服务不够完善。

气象灾害风险评估制度尚未健全,缺乏精细的气象灾害风险区划,重点工程建设的气象灾害风险评估尚未全面开展,气候可行性论证对城乡规划编制工作的支撑仍显不足。

对照经济社会发展要求,防灾减灾工程体系标准不高,对重大气象灾害的防御能力仍显不足。随着城市化进程加快,有些城市建设工程对防灾减灾工程和防灾体系造成了影响和破坏,致使防灾减灾工程难以充分发挥效用,防御重大洪涝的能力较为薄弱。

基层和公众气象灾害主动防御能力不足,应急能力弱,社会减灾意识不强,防灾减灾法规不健全;缺乏科学的气象灾害防御指南,气象灾害防御知识培训不够普及,防灾减灾综合能力薄弱,全社会气象防灾减灾体系有待进一步完善。

第4章 气象灾害风险区划及防御

4.1 区划原则与方法

4.1.1 基本概念

气象灾害风险是指气象灾害发生及其给人类社会造成损失的可能性。气象灾害风险既具有自然属性,也具有社会属性,无论自然变异还是人类活动都可能导致气象灾害发生。气象灾害风险性是指若干年(10 年、20 年、50 年、100 年等)内可能达到的灾害程度及其灾害发生的可能性,根据灾害系统理论,灾害系统主要由孕灾环境、致灾因子和承灾体共同组成。在气象灾害风险区划中,危险性是前提,易损性是基础,风险是结果。

气象灾害风险性可以表达为:

气象灾害风险＝气象灾害危险性×承灾体潜在易损性

式中,气象灾害危险性是自然属性,包括孕灾环境和致灾因子;承灾体潜在易损性是社会属性。

4.1.2 区划思路

气象灾害风险区划有两种思路。一种是基于灾损的区别,它是根据各地过去出现过的气象灾害产生的损失的大小,计算各地灾害风险度,然后将气象灾害分成几个等级,求它们的出现概率,便可以得到灾害风险区划图。对于经济损失而言,如果有长序列的灾损资料,最简单的做法是在进行物价和经济增长率的订正后,将订正后的经济损失按大小分级,求出各级的出现概率,便可以绘制出灾害损失风险区划图。这种思路可以得到气象灾害风险的分布,提醒政府和公众哪些地方灾害风险强,应予重点防范。除此之外,它不能给我们提供其他可以直接用于防灾减灾的有用信息。

另一种思路是研究各地致灾条件(因子)的发生概率,从而绘制出气象灾害风险区划图,这种风险区划图实际上是灾害危险性区划。这种思路不仅可以得到气象灾害的分布,而且可以为城镇(苏木)、开发区规划的工程布局、灾害防御工程提供依据。

本书采用第二种思路来进行风险区划,这主要是因为气象部门有足够长序列的气象观测资料,可以方便地统计出各类灾害的发生频率和发生强度,根据气象灾害的致灾机理,对影响气象灾害风险的各因子进行分析,计算气象灾害风险指数的大小。

4.1.3　区划原则

气象灾害风险性是孕灾环境、脆弱性承灾体与致灾因子综合作用的结果。它的形成既取决于致灾因子的强度与频率,也取决于自然环境和社会经济背景,同时不同地区对于气象灾害的防御能力也不尽相同,因此在进行区划时,要充分考虑诸多方面的因素进行综合,最终形成灾害风险区划。

资料选取原则。选用旗内 1 个国家基本气象观测站近 30 年(1981—2010 年)的气象资料和全旗灾情调查资料,以及近年来陆续建立的区域自动气象站气象监测资料。

灾害统计原则。一般采用国家通用标准来进行灾害的统计,必要情况下根据本地区的实际情况,微调统计方法,以适应本地区的需要。

因素选取原则。对于承载体和运载环境的选择,则根据不同的灾种选取不同的影响因素进行风险分析。

叠加分析原则。所有类型的数据,最终统一生成 1∶25 万栅格数据,根据需要的不同,进行相应处理,最终进行叠加分析。

风险分级原则。组间差异最大、组内差异最小的原则。

可修正原则。紧密联系东乌珠穆沁旗的社会经济发展情况,以及防灾减灾基础设施与能力建设的提高,对承灾体脆弱性进行调查,及时修改和调整气象灾害风险区划图。

4.1.4　区划方法

主要根据气象与气候学、农业气象学、自然地理学、灾害学和自然灾害风险管理等基本理论,采用风险指数法、层次分析法、加权综合评分法等数量化方法,基于 GIS 技术对我旗气象灾害风险分析和评价,编制气象灾害风险区划图。气象灾害风险评估流程图如图 4.1 所示。

4.1.5　区划指标

气象灾害的致灾因子主要是能够引发灾害的各种气象要素,对气象灾害致灾因子的分析,主要考虑灾害发生时的气象要素。例如:时间、地点、强度和频率。气象灾害强度、出现频率是根据对常规气象站和自动站的气象资料(包括降水、温度、风、冰雹、能见度、冰冻、大雪等)的统计分析,以及历年的灾害调查资料的统计得出的。

孕灾环境与承灾体脆弱性评估,包括人类社会所处的自然地理环境要素(地形地貌、地质构造、河流水系分布、土地利用现状)等,社会经济发展水平(人口分布、财产等)。人类的防御能力,包括防御设施建设、财政收入、道路通达度等。

根据上面的风险区划方法和流程,综合考虑致灾因子、孕灾环境、承灾体三个方面确立风险评价指标体系,在地理信息系统(GIS)支持下,分别对暴雨山洪、白灾、暴风雪、干旱、雷电、冰雹进行气象灾害风险区划。基于东乌珠穆沁旗气象灾害风险形成原因及发生规律,绘制了全旗各灾种气象灾害风险区划图。

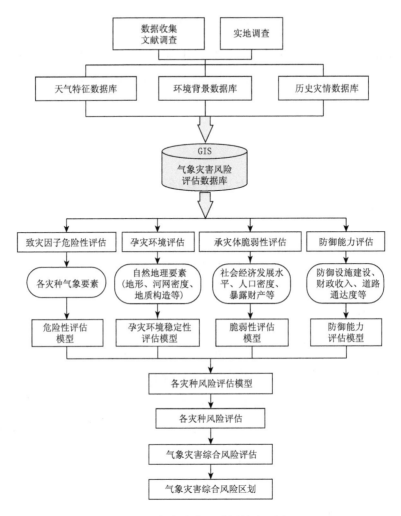

图 4.1 气象灾害风险评估流程图

4.2 气象灾害风险区划成果

气象灾害一直是困扰牧区人民生活的一大问题,对畜牧业生产方式、灾害类型及灾害成因进行的分析表明:造成草原牧区主要的气象灾害有干旱、冰雹、暴雨山洪、白灾、暴风雪、雷电等灾害。

4.2.1　干旱

（1）风险区划

根据地理地形、气候特点、植被类型、人口及经济分布状况,将干旱危险性、敏感度及易损性进行综合分析,绘制东乌珠穆沁旗干旱风险区划图（图 4.2）。额吉淖尔镇、乌里雅斯太镇、嘎达布其镇和阿拉坦合力苏木为高风险区域,道特淖尔镇、萨麦苏木为中风险区域,东部其余地区为低风险区域。

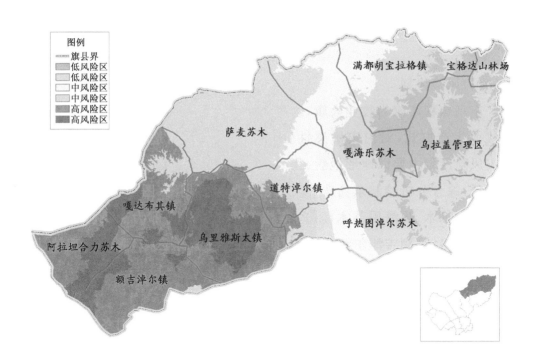

图 4.2　东乌珠穆沁旗干旱风险区划

（2）灾害防御

加强干旱监测预报预警。重视干旱监测预报,开展土壤墒情监测,建立与旱灾相关的气象资料和灾情数据库,对东乌珠穆沁旗干旱灾害高风险区开展干旱预测,实现旱灾的监测预警服务。

适时开展人工增雨。对将出现或已出现旱情的地区进行调查,开展干旱状况评估,指导适时开展人工增雨作业,有效增加天然降水量,减少干旱损失,改善生态环境。

重视水利工程建设。切实加强农田水利建设,整修水库和抗旱提水工程,在重视大型水利工程的同时,在干旱地区着力发展各类投资少、见效快的小型水利工程建设。

农业、林业部门要加强防旱植被建设。对于干旱发生的高风险区,加大绿化力度,在交通主干道两侧建设"绿色长廊",因地制宜推广耐旱植物的种植,推进牧区绿化建设,减少草原水分蒸发。

4.2.2　白灾

(1)风险区划

东乌珠穆沁旗为牧业大旗,以草原畜牧业经济为主,放牧牲畜是主要的牧业生产方式,对白灾敏感性强,受白灾影响大,造成的灾害损失重。白灾风险区划主要以地形地貌、积雪资料、低温频率、人口、经济等作为评价因子,综合分析绘制东乌珠穆沁旗白灾风险区划图(图4.3)。东南部呼热图淖尔苏木、嘎海乐苏木南部、乌拉盖管理区西南部为高风险区域,满都胡宝拉格镇、额吉淖尔镇、乌里雅斯太镇为中风险区域,嘎达布其镇、阿拉坦合力苏木、萨麦苏木为低风险区域。

(2)灾害防御

做好预警预报,利用各类气象资料和经验,在入冬前,对冬春降雪量、气温、座冬雪进行预测。要进一步完善草原防灾体系,提高灾害性天气的预报水平,最大限度减少可能造成的经济损失。

各级政府要组织牧民存储足量的饲草,建设和加固暖圈、暖棚。相关部门储备粮食、药品、汽柴油、御寒衣物,做好清理积雪的机械设备的保障。加大、加快牲畜出栏,减少过冬畜,以便有效地防御白灾危害。

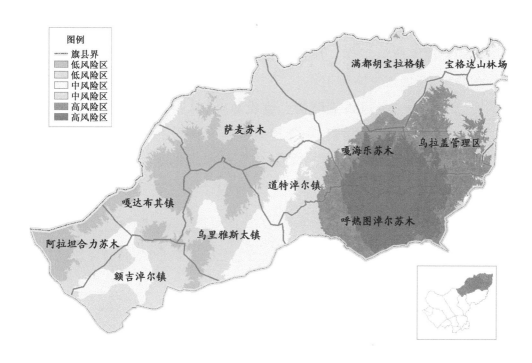

图 4.3　东乌珠穆沁旗地区白灾风险区划

4.2.3　暴风雪

（1）风险区划

根据东乌珠穆沁旗及周边观测站历史降雪、积雪、雪暴灾情资料、人口等情况，分析绘制东乌珠穆沁旗暴风雪灾害风险区划图（图 4.4）。萨麦苏木为高风险区域，乌里雅斯太镇、道特淖尔镇西部、呼热图苏木嘎达布其镇东部为中风险区域，额吉淖尔镇、阿拉坦合力苏木、嘎达布其镇西南部、嘎海乐苏木、满都胡宝拉格镇、乌拉盖管理区、宝格达山林场为低风险区域。

（2）灾害防御

加强暴风雪监测预报预警。做好降雪监测预报和预警信号的发布，暴风雪灾高风险区遇降雪天气应积极发挥气象信息员、助理员队伍作用进行降雪监测。为农牧民和有关单位开展雪压预报服务。

强化暴风雪灾应急联动。制定暴风雪灾害专项应急预案,落实防暴风雪灾和防冻害应急工作。加强气象与建设、交通、电力、通信等部门的协作和联动,开展雪灾防御工作。

做好敏感行业暴风雪灾防御。旗农牧业、林业、交通、电力等部门应根据预警信息、按防御指引和应急预案加强和指导抗暴风雪灾工作。做好农业设施、输电设施、钢构厂房的抗雪压标准化建设。

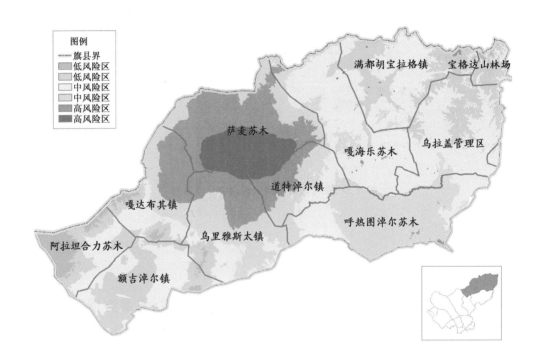

图 4.4　东乌珠穆沁旗暴风雪灾害风险区划

4.2.4　冰雹灾害

(1)风险区划

冰雹灾害风险区划主要以地形状况、冰雹发生频次资料、人口经济等为评价因子,绘制东乌珠穆沁旗冰雹灾害风险区划图(图 4.5)。嘎海乐苏木南部为高风险区域,呼热图淖尔苏木、乌拉盖管理区为中风险区域,其余地区为低风险区域。

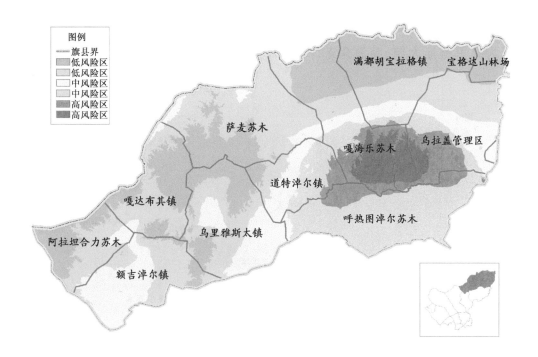

图 4.5　东乌珠穆沁旗冰雹灾害风险区划

（2）灾害防御

在冰雹易出现的季节,要时刻注意天气的变化,收听当地气象部门的天气预报,特别是临近天气预报。有雷雨云、强对流天气出现,要暂停户外活动,放牧人员、室外作业人员要做好防御准备,远离高耸物体,避免冰雹、雷电危害。气象部门要做好预警预报,跟踪预报,避险避灾。

4.2.5　暴雨山洪

（1）风险区划

暴雨山洪灾害的风险区划主要对危险性、暴露性、脆弱性、防灾减灾能力四个方面进行综合分析。危险性分析主要研究东乌珠穆沁旗在特定时间内遭受的洪水灾害强度指标、地形坡度和高度、河网密度三个方面；暴露性分析是对旗内的各种受影响因子进行分析，在居民总数、流动人口及旅游人数、国民生产总值四个研究内容中建立相关指标，分析绘制暴雨山洪灾害风险区划图（图 4.6）。暴雨山洪高风险区为道特淖尔镇，中风险区为乌里雅斯太镇、嘎海乐苏木南部，其余地区为低风险区。

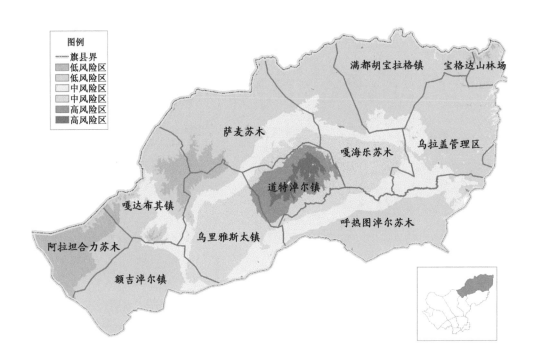

图 4.6　东乌珠穆沁旗暴雨山洪灾害风险区划

（2）灾害防御

提升暴雨山洪监测预警能力。小流域山洪高风险区设置警示牌，配备报警器，气象、水利部门要在重点流域、嘎查（社区）设置水位、雨量观测设施平台，配置预警观测员，提高监测预警能力，增强防御水平。

编制暴雨山洪灾害防御预案。建立苏木（镇）、嘎查（社区）两级防洪避险管理组织和网络，明确防御工作责任。完善防御灾害的保障体系，并开展防御预案演练。

加强水利工程巡查与监控,密切监视暴雨可能引发的小流域洪灾及气象次生灾害。重视东乌珠穆沁旗境内河流的疏通。

加强小流域防洪工程建设与管理,并进行整治,除险加固,达到一定的防御标准。

4.2.6　雷电灾害

(1)风险区划

主要分析地闪发生的频次、建筑物分布以及人口、经济密度,绘制东乌珠穆沁旗雷电灾害风险区划图(图 4.7)。乌里雅斯太镇为高风险区域,嘎达布其镇、萨麦苏木、额吉淖尔镇、阿坦合力苏木为中风险区域,其余地区为低风险区域。

图 4.7　东乌珠穆沁旗雷电风险区划

（2）灾害防御

加强防雷安全管理。建立防雷管理机制。各苏木（镇）和有关单位应根据雷击风险等级，采取定期检测措施，发现雷击隐患及时整改，减少雷击灾害事故。

加强雷电科普知识和防雷减灾法律法规宣传，实现雷电防护知识进村入户，提高群众防雷减灾意识。增强群众自我救助能力，有效减轻雷电灾害损失。

加强雷电监测预警。按照"布局合理、信息共享、有效利用"的原则，规划和建设雷电监测网，提高雷电灾害预警和防御能力，及时发布、传播雷电预警信息，扩大预警信息覆盖面，提前做好预防措施。

加强雷电技术服务。规范和加强防雷基础设施的建设，做好雷击风险评估、防雷装置设计技术性审查和防雷装置检测工作。建立防雷产品测试和检验技术服务体系，保证防雷产品的质量安全。

加强雷击灾害调查分析。做好雷击灾害调查和鉴定工作，提供雷击灾害成因的技术性鉴定意见，为雷击灾害事故的处理及灾后整改与预防提供科学客观的法律依据。

第 5 章　气象灾害防御措施

5.1　非工程性措施

5.1.1　气象防灾减灾指挥系统

（1）防灾减灾指挥部

东乌珠穆沁旗人民政府成立人工影响天气与气象灾害防御指挥部，负责领导指挥全旗气象灾害防御工作。由政府分管副旗长任总指挥，指挥部成员单位为：旗政府办公室、气象局、林水局、发展和改革局、经济和信息化局、消防大队、公安局、农牧业局、民政局、交通运输局、卫生和计划生育局、国土资源局、安全生产监督管理局、生态保护局、环境保护局、文化体育广电旅游局及各苏木(镇)。

防灾减灾指挥部办公室设在东乌珠穆沁旗气象局，主任由局领导兼任，联络旗各成员单位，协调全旗各行业、重点企业、旗直各单位，督促落实制订、编制、实施气象灾害防御规划的有关工作。

成员单位都要根据工作实际及防御气象灾害的需要，负责编制、实施本单位的气象灾害防御规划。

（2）应急办公室突发应急平台建设

旗政府应急管理办公室作为应急管理机构，统一协调灾害应急管理工作，建立应急平台，支撑应急预案实施，提高政府应对突发公共事件的能力。应急平台包括应急日常值守、预案管理、信息接入、应急处置、指挥调度等功能。通过对各职能部门信息等资源进行整合，形成一个以应急管理办公室为中枢,"结构完整、功能全面、反应灵敏、运转高效"的突发公共事件应急体系,全面履行政府应对突发公共事件的职责。同时,要发挥气象部门现有的突发公共事件预警信息发布平台的作用,加强和完善气象灾害预警中心建设。

(3)防汛抗旱指挥机构建设

旗政府设立防汛抗旱指挥机构,办公室设在林业水利局,及时传达上级"防指"的各项指令,安排部署各成员单位和各苏木(镇)防汛抗旱抢险救灾等工作。相关企事业单位,根据需要设立防汛抗旱办事机构,负责各自部门、单位的防汛抗旱处置工作。

(4)季节性防灾减灾管理

各部门逐步建立多灾种指挥系统,加强气象灾害防御管理,减少或避免因灾害带来的损失。不同季节,根据易出现的低温冰冻、雪灾、暴雨洪涝、大风、沙尘暴、雷电、草原火灾等灾害情况,按照应急预案,由相关职能部门及时布置防灾减灾工作。

5.1.2 气象灾害监测监控

建立气象综合监测网。组建区域自动气象站监测网,实现苏木(镇)、嘎查(社区)全覆盖;在省道 101、204、303 东乌珠穆沁旗段内建立包括能见度要素的自动气象站;气象和水利部门在暴雨山洪灾害易发地建立雨量监测站点,实现监测资料共享;在旅游点和主要放牧区域建多要素自动气象站;在牧区草原开展牧草旱涝、生态、墒情监测。

建立远程监控系统。在全旗范围设立气象灾害实景视频远程监控系统。在气象灾害高风险区,建立加密视频实况监测点。

建立完善实时气象报警系统。建立中尺度气象自动站网气象资料实时处理平台,当雨量、风速、气温等要素达到警戒指标时,实现短时间内自动报警。建立气象灾害监测资料图形显示系统,实现气象监测、雷达探测、卫星遥感等资料在气象预警中心实时动态显示。

5.1.3　气象灾害预测预警

开展精细化气象灾害预报服务。应用各种实时观测资料,对上级台站的预报进行小空间尺度的订正,提高气象灾害精细化预报预警准确率,实行从灾害性天气预报到气象灾害预报的转变。

完善气象预报预警业务流程。完善短时预报、临近预报和预警的业务流程,实时发布灾害性天气和气象灾害种类、强度、落区的预警,开展跨部门、跨地区气象灾害联防。

开拓预警信息发布和接收渠道。依托突发公共事件预警信息发布平台,推广手机短信、微信、牧区气象信息接受系统、气象预警电子显示屏等发布渠道,开展苏木(镇)"信息直通系统"服务,解决预警信息传递"最后一公里"问题。

5.1.4　专业气象监测预警

加强重大农牧业气象灾害的预报与预警。气象局与农牧业局共同开展不同时效的重大农牧业气象灾害发生时间、影响范围、危害程度等预测预报,并及时发布重大农牧业气象灾害预测预报产品;健全农牧业气象灾害预警发布机制,根据预警标准及时发布农牧业气象灾害预警信息。配备农牧业气象移动观测设备,开展干旱、山洪、寒潮、大风(沙尘暴)、雷电、白灾、暴风雪等主要农牧业气象灾害的应急调查及草原林场、畜牧分布状况、接羔或出栏进度、土地利用动态等观测,提高农牧业气象移动观测及应急服务能力。

气象与林业部门合作,开展森林可燃物载量、森林有害生物的监测预报,探索各季节主要气候灾害与极端天气气候事件(暖冬、倒春寒、高温干旱、洪涝等)对林业有害生物发生规律的影响,着重加强森林气象火险等级预报预警。

气象与交通部门共同探索建设交通气象观测设备的布局规划。建立主要公路干线气象观测系统,实现大雾、大风、雨雪、高温等主要影响交通安全的气象灾害观测。交通管理部门应将交通气象观测设施建设逐步纳入公路工程建设内容。

依托现有气象观测站网,在高温、高湿、大风、雨雪冰冻、雷电等气象灾害易发区补充建设电力气象观测站,重点加强影响电网安全的输电线覆冰和雷电等灾害天气的观测。

开展气体污染物、颗粒、酸沉降等观测。在基本移动气象观测系统上增配污染物观测设备,增强对突发污染事件的监测能力。

5.2　工程性措施

5.2.1　气象监测预警系统

(1)天气气候监测网

为满足东乌珠穆沁旗中小尺度灾害性天气系统监测和服务社会经济发展需求,在充分评估现有气象观测能力的基础上,根据锡林郭勒盟区域气象观测站网布局要求,统筹设计全旗气象观测系统的规模和布局,优化东乌珠穆沁旗地面气象观测站网,在资料稀疏区、灾害多发区、天气关键区和服务重点区建设区域自动气象站。积极争取气象观测设施建设纳入城乡整体发展规划。

(2)预报预警系统

建立三级综合业务平台,完善预报预警业务系统。气象灾害预报预警作为应急响应体系的重要组成部分,必须首先做到预报准确、发布及时,才能切实增强灾害应急处理能力,进而显著提高政府防灾减灾决策措施的社会效益。建立和完善"中小流域山洪、地质灾害气象风险预警平台"和"气象预警信息发布系统",进一步提升东乌珠穆沁旗气象灾害预警发布和应急处置能力。

（3）精细化预报产品的制作

应用各种实时观测资料，引进、消化、吸收并完善现有的上级部门下发的数值预报产品，建立起一个适合东乌珠穆沁旗的中小尺度气象精细化预报业务系统。该系统充分利用、结合现有天气雷达的实时探测数据，制作高精度的中小尺度区域气象服务产品，有效提高天气预报的时空分辨率和准确率，为旗、苏木（镇）政府和公众提供更加准确、精细的气象预报产品和更加个性化的气象服务，以满足现代社会日益增长的气象专业服务需求。

（4）卫星遥感资料应用业务系统

引进卫星遥感资料处理技术，加强卫星遥感资料的处理分析和应用能力，并结合地面观测数据进行相关标定修正，实现卫星遥感资料产品的及时制作，提升气象服务产品的科技含量。

（5）气象灾害评估业务系统

在实现精细化预报产品制作的基础上，利用暴雨（雪）灾害评估的相关方法与技术，结合本地实际情况，建立科学合理、切实可行的灾害天气对城乡工程破坏性预测业务系统，包括建立灾害天气对城乡工程破坏性分析系统、灾害天气对城乡工程破坏历史资料库、灾害天气对城乡工程破坏观测预测、灾害天气对农牧业建设的破坏性分析预测、灾害天气对各类公益设施的破坏性分析预测等。

5.2.2　监测预警设施建设

（1）增建区域自动气象观测站 50 个，使区域自动气象站总数达到63 个。

（2）充分利用网络资源，建立公共服务平台，完成气象预警信息均等化服务，实现气象预警信息全覆盖。

（3）气象与交通部门合作，在主要交通干线附近，进行气象自动监测网建设，为交通运输提供气象服务。

（4）建设草原防扑火指挥系统，布设远程实景监测系统。

（5）建一个闪电定位监测站点，利用闪电定位仪，对雷电现象进行跟踪预警。

（6）建设草原生态监测网，建立草原生态自动化观测站 1 个，自动土壤水分观测站 1 个；布设自动土壤水分观测仪 4 个，称重式降水观测仪 11 个。

（7）建设移动式综合气象监测站，开展大气环境等应急跟踪服务。

（8）在城区建设激光雷达站，观测大气边界层的结构和时间演变特征，云顶、云底高度和多层云结构，大气能见度、气溶胶消光系数垂直分布，反演颗粒物的时空演变等。

通过以上设施建设，基本建立观测内容较齐全、密度适宜、布局合理、自动化程度高的现代气象综合监测网，可满足今后一段时期气象灾害防御与现代气象业务服务的发展需要。

5.2.3　专业气象服务渠道

依托广播电视有线网络和现代化的气象业务系统，通过网络办理、现场办公、公众咨询、上门服务等手段，及时获取社会各界的气象专业化产品需求，尤其是农牧业、交通、能源等气象高敏感行业对气象服务的需求，通过自主开发、引进、消化、吸收等手段，研发专业气象服务产品，并建立快捷有效的信息交互渠道，实现专业气象服务的高效、及时、准确，提升部门社会服务职责，拓展公众服务领域。

5.2.4　信息处理与发布平台建设工程

（1）公共信息发布平台

为确保灾害性天气监测预警信息能及时传送到户到人，逐步推进及时、精确、多手段的信息处理与发布平台的建设，通过广播电视、移动通信、网络等现代化手段将灾害性天气警报和预报信息及时向社会发布，增强社会公众抗灾能力,保障人民生命和财产安全。

（2）气象信息服务专业平台

建设旗、苏木（镇）两级语音短信服务平台,包括灾害天气预警信息采集、分析、编审、监控子系统,固话语音短信编辑录音子系统,语音短信及用户数据库子系统,语音短信远程维护子系统和通讯子系统等。平台主要设备包括灾害天气预警信息采编终端、信息监控终端、信息管理及维护终端、数据库服务器、通讯服务器、路由器、呼叫中心主机、高速通讯线路等。

（3）公众信息服务平台

建设公众信息服务平台,包括在城镇的关键街区、主要建筑物、公交设施上布设气象预警信息发布电子显示屏,在城镇人口密集区域建设气象预警信息警示牌,城区配置流动广播服务设施等。

（4）"村村通"气象工程

"村村通"气象工程着重解决固定电话用户主动接收灾害天气预警信息问题。利用气象部门已初步建立的灾害天气预警发布系统和电信部门的现代通信技术及通讯资源,充分依托现有的"村村通"工程,建立一套主要面向全旗牧区的、以固话语音短信为主要载体的灾害天气预警信息发布系统,将最新的灾害天气预警信息第一时间发送到牧民群众手中。

5.2.5　防汛抗旱、城镇防洪工程

完善小流域整治工程,确保水库、水源安全。提升小流域防洪能力,完善提升现有防洪工程和城区地下水管网设施,使各苏木（镇）防洪工程达到 50 年一遇防洪标准、20 年一遇排涝标准。

5.2.6　防雷工程

加强雷电探测、雷电预警预报和防雷装置建设,覆盖率要求达 100%。东乌珠穆沁旗高层建筑、重要建筑设施都必须按照有关的防雷技术规范

安装相应的防雷设施,针对不同的建(构)筑物或场所,不同的信息系统及电子设备、电气设备,不同的地质、地理和气象环境条件,量身定制不同的雷电防护方案与实施防雷的相关活动。对重点建设工程、通讯网络系统、易燃易爆和危险化学品生产存储场所及高大建筑物、烟囱、电杆、旗杆、铁塔等进行防雷装置的规范安装,认真执行防雷装置定期检测制度。对已投入使用的防雷设施要定时指定专人检查维护。大型重点工程、危爆物品生产储存场所、重要物资仓库等建设项目的论证、规划要进行雷击风险评估并提供评估报告。重视农村牧区的防雷工作,规范和加强农村牧区的防雷安全监督和检测工作。

5.2.7　人工影响天气工程

人工影响天气工程是防灾减灾、保护人民生命财产、合理开发利用气候资源和改善生态环境的重要手段。受气候变化和环境影响,近年来东乌珠穆沁旗高温、干旱发生频繁。东乌珠穆沁旗人工增雨作业的主要任务是在适当条件下通过人工干预的方式对局部大气的云物理过程进行影响,实现人工增雨(雪)的目的。为有效增加天然降水量,缓解高温、干旱,改善生态环境,要加大人工影响天气工程建设投入力度。

依托现有的天气预报分析业务系统,建立覆盖全旗可视化的、动态的旱情显示查询系统;在气象卫星、气象雷达、气象站网及自动站网等现代化设备的基础上,研究建立机载云物理探测设备,包括美国粒子监测系统公司(PMS)粒子测量系统、全球定位系统(GPS)等;建立地基探测系统,包括人工增雨专用的 3 cm 车载雷达、微波辐射计(水汽廓线仪)等。依托地理信息系统平台,建立综合的人工影响天气作业指挥系统。

5.2.8　应急避险工程

针对东乌珠穆沁旗每年遭受干旱、局地强对流天气、暴雨、沙尘暴和白灾影响的实际,充分利用目前的公共设施,在全旗设置临时灾害避险所。在各苏木(镇)、场、示范区根据当地实际情况建立气象灾害避险场地,在醒目位置挂置苏木(镇)气象灾害应急领导小组办公室制发的"气象灾害应急避险安置点"标志。避险场所的容纳力应根据实际情况和需求确定,要求地势较高、不受山洪和地质灾害影响、交通便利、钢混结构、防雷设施检测合格、能抵御 12 级以上大风和 40 cm 以上积雪等重大灾害性天气的袭击,医疗救治、电力供应、救灾物资有保障。

5.2.9　应急保障工程

加强应急保障工程建设,完善应急保障机制,配备气象应急车。当东乌珠穆沁旗境内化工企业、油库、煤矿等高危单位及交通干道等公共场所发生危险易燃易爆化学品、有毒气体泄漏扩散时,第一时间开展多部门应急保障。充分利用公共突发事件应急平台,实施全程监测预警,提供跟踪气象服务,为应急处置、决策服务提供科学支撑。

第6章 气象灾害防御管理

6.1 气象灾害防御管理组织体系

6.1.1 组织机构

成立旗气象灾害防御工作领导小组,负责气象灾害防御的日常管理工作。领导小组下设三个办公室:气象灾害应急管理办公室、人工影响天气办公室、防雷减灾管理办公室。各苏木(镇)按"五有"(有职能、有人员、有场所、有装备、有考核)标准组建气象办公室,明确分管领导,落实气象灾害防御任务。

(1)工作机制

建立健全"政府领导、部门联动、分级负责、全民参与"的气象灾害防御工作机制。加强领导和组织协调,层层落实"责任到人、纵向到底、横向到边"的气象防灾减灾责任制;加强部门和苏木(镇)分灾种专项气象灾害应急预案的编制和管理工作,并经常性地组织开展预案演练;健全"部门、苏木(镇)、嘎查(社区)"三级信息互动网络机制,完善气象灾害应急响应的管理、组织和协调机制,提高气象灾害应急处置能力。

(2)队伍建设

加强气象灾害防范应对专家队伍、应急救援队伍、气象信息员和气象志愿者队伍建设。苏木(镇)和有关部门应设置气象信息员职位,明确气象信息员的任职条件和主要任务,在行政嘎查(社区)设立气象信息员,在有关企事业单位、关键公共场所以及人口密集区建立气象志愿者队伍,不断优化完善气象信息员队伍培训和考核评价管理制度。

6.1.2　气象灾害防御制度

（1）风险评估制度

风险评估是对面临的气象灾害威胁、防御中存在的弱点、气象灾害造成的影响以及三者综合作用而带来风险的可能性进行评估。建立城乡规划、重大工程建设的气象灾害风险评估制度，建立相应的强制性建设标准，将气象灾害风险评估纳入城乡规划和工程建设项目行政审批内容，确保在规划编制和工程立项中充分考虑气象灾害的风险性，避免和减少气象灾害的影响。东乌珠穆沁旗气象局组织开展旗气象灾害风险评估，为政府经济社会发展布局和编制气象灾害防御方案、应急预案提供依据。风险评估的主要任务是识别和确定面临的气象灾害风险，评估风险强度和概率以及可能带来的负面影响和影响程度，确定受影响地区承受风险的能力，确定风险消减和控制的优先程度与等级，推荐降低和消减风险的相关对策。

（2）部门联动制度

部门联动制度是全社会防灾减灾体系的重要组成部分，应加快减灾管理行政体系的完善，出台明确的部门联动相关规定与制度，提高各部门联动的执行意识和积极性。针对气象灾害、安全事故、公共卫生、社会治安等公共安全问题的划分，进一步完善政府与各部门在减灾工作中的职能与责权的划分。加强对突发公共事件预警信息发布平台的应用，做到分工协作，整体提高，强化信息与资源共享，加强联动处置，完善防灾减灾综合管理能力。

（3）应急准备工作认证制度

气象灾害应急准备工作认证，是对苏木（镇）、气象灾害重点防御单位、普通企事业单位、农牧业种养大户等的气象防灾减灾基础设施和组织体系进行评定，以此促进气象灾害应急准备工作的落实，提高气象灾害预警信息的接收、分发、应用能力和气象灾害的监测、报告、应对能力,从而确保重大气象灾害发生时,能够有效保护人民群众的生命财产安全。为有效促进和提高基层单位的气象灾害应急准备工作和主动防御能力,推动全社会防灾减灾体系建设,东乌珠穆沁旗人民政府颁布《东乌珠穆沁旗气象灾害应急准备工作认证管理办法》,出台《东乌珠穆沁旗气象灾害应急准备工作认证实施细则》,正式实施气象灾害应急准备工作认证制度。

（4）目击报告制度

目前,气象设施对气象灾害的监测能力虽然有了显著增强,但仍然存在许多监测盲区,需要建立目击报告制度,使东乌珠穆沁旗气象局对正在发生或已经发生的气象灾害和灾情有及时详细的了解,为进一步的监测预警打下基础,从而提高气象灾害的防御能力。各苏木（镇）气象办公室以及苏木（镇）、嘎查（社区）气象信息员应及时收集上报辖区内发生的灾害性天气、气象灾害、气象次生灾害及其它突发公共事件信息,并协助气象等部门工作人员进行灾害调查、评估与鉴定。鼓励社会公众第一时间向东乌珠穆沁旗应急管理办公室和气象局、苏木（镇）气象办公室上报目击信息,对目击报告人员要给予一定的奖励。

（5）气候可行性论证制度

为避免或减轻规划建设项目实施后可能受气象灾害、气候变化的影响及其可能对局地气候产生的影响,依据国家《气候可行性论证管理办法》,建立气候可行性论证制度,开展规划与建设项目气候适宜性、风险性以及可能对局地气候产生影响的评估,编制气候可行性论证报告,并将气候可行性论证报告纳入规划或建设项目可行性研究报告的审查内容。

6.1.3　气象灾害应急处置

（1）组织方式

东乌珠穆沁旗政府是全旗气象灾害应急管理工作行政领导机构,东乌珠穆沁旗气象灾害防御工作领导小组应急管理办公室和东乌珠穆沁旗气象局具体负责实施气象灾害应急管理的日常工作。

（2）应急流程

预警启动级别。按气象灾害的强度，气象灾害预警启动级别分为特别重大气象灾害预警（Ⅰ级）、重大气象灾害预警（Ⅱ级）、较大气象灾害预警（Ⅲ级）、一般气象灾害预警（Ⅳ级）四个等级。东乌珠穆沁旗气象局根据气象灾害监测、预报、预警信息及可能发生或已经发生的气象灾害情况，启动不同预警级别的应急响应，报送旗政府和相关机构，并通知旗气象灾害防御工作领导小组成员单位和各苏木（镇）。

应急响应机制。对于即将影响全旗较大范围的气象灾害，东乌珠穆沁旗政府气象灾害防御指挥机构应立即召开气象灾害应急协调会议，作出响应部署。各成员单位按照各自职责，立即启动相应等级的气象灾害应急防御、救援、保障等行动，确保气象灾害应急预案有效实施，并及时报告旗政府和灾害防御指挥机构，通报各成员单位。对于突发气象灾害，东乌珠穆沁旗气象局直接与受灾害影响区域的单位联系，启动相应的苏木（镇）、嘎查（社区）应急预案。

信息报告和审查。各地出现气象灾害，单位和个人应立即向旗气象局和旗政府应急管理办公室报告。旗气象局和旗政府应急管理办公室对收集到的气象灾害信息进行分析核查，及时提出处置建议，迅速报告旗指挥机构。同时，要加强联防，并通报下游地区做好防御工作。

灾害前期处置。气象灾害发生后，事发地政府、旗有关部门和责任单位应及时、主动、有效地进行处置，控制事态，并将事件和有关先期处置情况按规定上报旗政府应急管理办公室和气象局。

应急终止。气象灾害应急结束后，由旗气象局提出应急结束建议，报旗气象灾害防御工作领导小组同意批准后实施。

6.2　气象灾害防御教育与培训

6.2.1　气象科普宣传教育

积极推进东乌珠穆沁旗气象科普示范嘎查(社区)创建,动员基层力量广泛开展气象科普工作。旗、苏木(镇)、嘎查(社区)要制定气象科普工作长远计划和年度实施方案,并按方案组织实施,把气象科普工作纳入经济社会发展总体规划。各苏木(镇)、部门要重视气象科普工作,苏木(镇)、嘎查(社区)要有科普工作分管领导,并有专人负责日常气象科普工作。科普示范嘎查建有由气象信息员、气象科普宣传员、气象志愿者等组成的气象科普队伍,经常性地向群众宣传气象科普知识,每年结合牧事活动、季节,组织不少于两次面向牧民的气象科普培训或科普宣传活动。

6.2.2　气象灾害防御培训

广泛开展气象灾害防御知识宣传,增强人民群众气象灾害防御能力。加强对牧民、中小学生的防灾减灾知识和防灾技能的宣传教育,将气象灾害防御知识列入中小学教育体系,把气象助理员、气象信息员的气象防灾减灾知识培训纳入行政学校培训体系,使培训常态化、规模化、系统化,为气象助理员队伍健康发展奠定坚实基础。定期组织气象灾害防御演练,提高公众灾害防御意识和正确使用气象信息及自救互救能力。

第7章 气象灾害评估与恢复重建

7.1 气象灾害调查评估

7.1.1 气象灾害的调查

气象灾害发生后,以民政部门为主体,对气象灾害造成的损失进行全面调查,旗林业水利、农牧业、气象、国土资源、住房和城乡规划建设、交通、保险等部门按照各部门职责,共同参与调查,及时提供并交换水文灾害、重大农牧业灾害、重大森林火灾、地质灾害、环境灾害等信息。气象部门还应当重点调查分析灾害的成因。

7.1.2 气象灾害的评估

旗气象局开展气象灾害预评估、灾中评估和灾后评估工作。

灾前预评估。气象灾害出现之前,依据灾害风险区划和气象灾害预报,预评估气象灾害强度、影响区域、影响程度、影响行业,提出防御对策建议,为政府决策提供重要依据。

灾中评估。对影响时间较长的气象灾害,如干旱、洪涝、雪灾等进行灾中评估,跟踪气象灾害的发展,快速反映灾情实况,预估灾害扩大损失和减灾效益。开展气象灾害实地调查,及时与民政、林业水利、农牧等部门交换、核对灾情信息,并按灾情直报规程报告上级气象主管机构和旗政府。

灾后评估。灾后对气象灾害成因、灾害影响以及监测预警、应急处置和减灾效益做出全面评估,编制气象灾害评估报告,为政府及时安排救灾物资、划拨救灾经费、科学规划和设计灾后重建工程等提供依据。在充分调查研究当前灾情并与历史灾情进行对比的基础上,不断修正完善气象灾害风险区划、应急预案和防御措施,更好地应用于防灾减灾工作。

7.2　救灾与恢复重建

7.2.1　救灾

建立气象灾害防御的社会响应系统,由相关部门组织实施灾民救助安置和管理工作,确保受灾群众的基本生活保障。实施综合性减灾工程,修订灾后重建工程建设设计标准,包括受灾体损毁标准和修复标准、灾害损失评估标准、重建工程质量标准与技术规范、重建工作管理规范化标准等。完善灾害保险机制,发展各种形式的气象灾害保险,扩大灾害保险领域,提高减灾工作的社会经济效益。

7.2.2　恢复重建

灾后重建工作由传统的救灾安置型逐步转为可持续发展的战略发展型。相关部门应对受灾情况、重建能力及可利用资源进行评估,制定灾后重建和恢复生产生活计划,报旗政府批准后进行恢复重建。

第8章 保障措施

8.1 加强组织领导

充分认识气象灾害防御的重要性,把气象灾害防御作为一项重要工作,放在突出位置。成立由旗人民政府统一领导,气象、水利、农牧等相关部门主要负责人参与的气象灾害防御指挥机构,统一决策、统一开展气象防灾减灾工作。要紧紧围绕防灾减灾这个主题,把气象灾害防御培训作为一个基础性工作来抓,为加强气象灾害防御组织领导,夯实思想基础和组织基础。

8.2 纳入发展规划

在制订东乌珠穆沁旗社会经济发展规划大纲和苏木(镇)总体规划时,把气象灾害防御工作纳入到总体规划之中,把气象事业发展纳入全旗经济发展的中长期规划和年度计划。在规划和计划编制中,充分体现气象防灾减灾的作用和地位,明确气象事业发展的目标和重点,实现经济社会和气象防灾减灾的协调发展。

8.3 强化法规建设

加强气象法制建设和气象行政管理。切实履行社会行政管理职能,创新管理方式,依法管理涉及气象防灾减灾领域的各项活动,不断提高气象灾害防御行政执法的能力和水平。加大对气象基础设施保护和对气象探测、公共气象信息传播、雷电灾害防御等活动的监管力度,确保气象法律法规全面落实。积极开展多种形式的气象法制和科普宣传活动,让人民群众了解气象、认识气象、应用气象。

8.4　健全投入机制

紧密围绕人民群众需求和经济发展需要,建立和完善气象灾害防御经费投入机制,进一步加大对气象灾害监测预警、信息发布、应急指挥、防灾减灾工程、基础科学研究等方面的投入。各苏木(镇)以及林业水利、气象、国土资源、交通等相关部门应加大对工程建设的投入,每年安排年度投入预算,提前安排"十三五规划"项目投资计划,报旗财政和发改委审核,并纳入旗、苏木(镇)两级财政以及经济社会发展计划。鼓励和引导企业、社会团体等对气象灾害防御经费的投入,多渠道筹集气象防灾减灾资金。充分发挥金融保险行业对灾害的救助、损失的转移分担和在恢复重建工作中的作用。

8.5　依托科技创新

气象灾害防御工作要紧紧围绕东乌珠穆沁旗经济社会发展需求,提高开发和利用气候资源能力,集中力量开展科研攻关,努力实现气象科技新的突破,以增强全社会防御和减轻气象灾害能力、适应气候变化能力,为保持经济社会平稳快速发展提供有力支撑。加强气象科技创新,增加气象科技投入,加大对气象领域高新技术开发研究的支持,加快气象科技成果的应用和推广。

8.6　促进合作联动

各部门应加强合作联动,建立长效合作机制,实现资源共享,特别是气象灾害监测、预警和灾情信息的实时共享,促进气象防灾减灾能力不断提高,利用交流合作契机,丰富防灾减灾内涵。加强与院校的合作,促进资源信息共享和人才的合理有序流动。建设高素质气象科技队伍,扩大气象科技国内外交流与合作,促进气象事业全面协调可持续发展,为地方经济发展和防灾减灾提供强有力保障。

8.7　提高防灾意识

加强气象灾害防御宣传,组织开展内容丰富、形式多样的气象灾害防御知识宣传培训活动。报纸、电视、网络、广播等新闻媒体要牢牢抓住灾害防御的特殊性、针对性和实效性,开展典型宣传,切实提高全民防灾意识。加强气象助理员和气象信息员队伍建设,做到苏木(镇)有气象助理员,部门有气象志愿者,嘎查(社区)有气象信息员,负责气象灾害预警信息的接收传播以及灾情收集与上报、气象科普宣传等,协助各级政府和有关部门做好气象防灾减灾工作。